青少年灾难自救科普书

防灾 · 避险 · 自救

自然灾害生存指南

中国灾害防御协会 指导
本书编委会 编著

U0211897

编 委 会

特 聘 专 家

高孟潭　　赵鲁强　　聂 娟　　郝建盛

王 岩　　刘济榕

执 行 编 委

（按姓氏笔画排列）

王 欢　　王 勐　　王 璞　　张博轩

陈倩倩　　徐 宁　　麻晶晶

地震出版社

图书在版编目（CIP）数据

防灾·避险·自救：自然灾害生存指南 / 本书编委会编著 . -- 北京 ：地震出版社 ， 2024.6

ISBN 978-7-5028-5648-9

Ⅰ . ①防… Ⅱ . ①本… Ⅲ . ①灾害－自救互救－青少年读物 Ⅳ .① X4-49

中国国家版本馆 CIP 数据核字（2024）第 056931 号

地震版　XM5758/X（6492）

防灾·避险·自救：自然灾害生存指南

中国灾害防御协会 指导

本书编委会 编著

策划编辑：李肖寅

责任编辑：李肖寅

责任校对：张　平

出版发行　**地震出版社**
　　　　　北京市海淀区民族大学南路 9 号　　　邮编：100081
　　　　　发 行 部： 68423031　68467991
　　　　　总 编 办： 68462709　68423029
　　　　　http : // seismologicalpress.com
　　　　　E-mail : dzcbslxy@163.com
经　　销：全国各地新华书店
印　　刷：北京启航东方印刷有限公司

版（印）次：2024 年 6 月第一版　2024 年 6 月第一次印刷
开　　本：710 ×1000　1/16
字　　数：76 千字
印　　张：8
书　　号：ISBN 978-7-5028-5648-9
定　　价：45.00 元

序 一

　　我们生活在地球上。生机勃勃的地球为我们提供食物和赖以生存环境。地球的剧烈变动也会给我们带来严重的自然灾害。突如其来的巨大地震、强烈台风和大洪水，以及大范围的雪灾、恐怖的雷电和漫天的沙尘暴，随时可能会夺去很多人的生命。我国自然灾害种类多、危害重、频度高，严重威胁人民的生命、生活和生计。

　　自然灾害虽然厉害，但是，如果我们学会与自然和谐相处，具备规避、防范和应对自然灾害的知识和技能，就可以将自然灾害的影响降低到最低程度。

　　本书系统介绍了我国经常发生的各种自然灾害相关知识，重点讲述了各种自然灾害来临时应该如何避险逃生和自救互救，最大限度地保护自己和身边的人。

　　青少年是祖国的未来，也是面对自然灾害的弱势群体，希望广大青少年通过阅读这本书，长知识，长本领，更平安。

中国地震局地球物理研究所原副所长、特聘专家

序 二

日月星辰，山川海洋，风雨雷电，气象万千。大自然孕育滋养万物，也包含我们人类。马克思主义哲学认为，世界是物质的，物质是运动和变化的，运动有宏观和微观、有机和无机、物理和化学等多种方式。自然界的运动是客观存在的，总体来说就是能量通过物质进行吸收、聚集、传输、转换和释放过程，这些过程以多种形式展现，属于自然现象，如地震、火山、台风、洪水、雨雪、雷电、沙尘暴等。当这些自然现象对万物赖以生存的环境和人类社会发展造成负面影响时，就形成了自然灾害。这些自然灾害有些是"润物无声"缓慢渐进式的，有些却是"声势浩大"剧烈爆发式的，且威力巨大。

防灾减灾，关口前移。我们要正确的认知自然灾害，力求探明其成因机理，明确其致灾风险，早治理、早预警、早防控，最大限度的减少自然灾害损失。实践证明，科学普及防灾减灾知识，使民众对自然灾害有一定的预判力和应对能力，对防范灾害风险是非常有效的。

青少年是"早晨八九点钟的太阳"，是民族的希望和祖国的未来，本系列图书面向小学生和初中生，在坚持科学的基础上，以图文并茂的形式进行展现，既可作科普，又可使同学们掌握相关知识、提高有效的应对能力。

中国气象局公共气象服务中心研究员

目 录

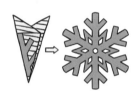

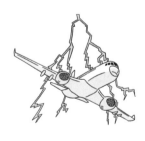

第一章

地震

第一节
地震其实很常见

· 基本知识 ·

　　提起地震，人们总是会把它和灾难联系到一起。其实，地震和下雨、刮风一样，是一种常见的自然现象。但当地震达到一定震级并给人类造成危害时，就会成为一种灾难。

　　据统计，地球上每年都会发生500多万次地震，平均每天发生上万次！不过大家千万不要被这个数字吓坏，虽然地球上经常发生地震，但真正对人类造成严重危害的地震每年只有10到20次，造成特别严重灾害的地震每年最多一两次。

地震的时间分布

地球仿佛开启了震动模式，从早到晚一直在"震"，但细心的人类通过观察与研究，还是发现地震是具有一定周期性的。如果某个时间段地震发生的频次高、强度大，我们就称之为地震活跃期；而在另一个时间段内地震发生的频次低、强度小，我们就称之为地震平静期。

每天动"亿"动，身体才更棒！

为什么会呈现这样的周期性呢？那是因为在活跃期中，地震会释放大量的能量，就像人累了需要休息一样，地球内部释放能量的岩层也需要有足够的时间重新积累能量。岩层"休息"的时候，就是平静期。

当能量积累到足以使岩石变形、破裂的时候，地震就会再次活跃。活跃期中的地震，除了次数增多外，大地震也会增多。

地震的地区分布

从全球范围看，地震发生的地区也不是随机分布的，而是呈有规律的带状分布，我们叫它地震带。世界上的地震主要集中分布在三大地震带上：环太平洋地震带、欧亚地震带和海岭地震带。

环太平洋地震带：

环太平洋地震带是地球上最主要的地震带，它就像一个巨大的环，围绕着太平洋分布，全球约80%的地震都发生在这里。

欧亚地震带：

欧亚地震带横贯亚、欧、非三大洲，是全球第二大地震带，也叫地中海—喜马拉雅地震带。地中海、阿尔卑斯山、喜马拉雅山都处在这片地震带上。全球约15%的地震都发生在这里。

海岭地震带：

海岭地震带又叫大洋中脊地震带，它分布在印度洋、大西洋和太平洋的洋底海岭上，这片区域发生的地震比前面两个地震带要少。

地震最频繁的地方：

地球上绝大多数地震都是地壳运动引发的构造地震。地震最多、最频繁的地方往往集中在板块的交界处，因为这里是能量最容易突破地壳释放的地方。

少有地震的南极：

南极洲是一块被冰雪覆盖的白色大陆，生活在这里的企鹅们很少为地震而担忧。科学家们认为，正是厚厚的冰层让南极的地壳不易发生倾斜或弯曲变形，所以南极洲很少发生大地震。

你知道地震是什么吗？

不知道，好吃吗？

【知识小卡片】

我国位于环太平洋地震带和欧亚地震带之间，受太平洋板块、印度板块和菲律宾海板块的挤压，地震活动十分活跃，我国的地震活动主要分布在5个地区（台湾地区、西南地区、西北地区、华北地区和东南沿海地区）的23条地震带上。

地震的类型

（1）构造地震

构造地震是地震的最主要类型。如果岩层断裂，地质结构改变了，会产生巨大的能量，地壳（或岩石圈）就会在构造运动中发生形变，当形变超出了岩石的承受能力时，岩石就会发生断裂错动，而在构造运动中长期积累的能量因此得以迅速释放，从而造成岩石振动，也就形成了地震。这就好比一根拉紧的橡皮筋会有强大的反弹力、一颗即将出膛的子弹即将射穿一块铜板也会产生惊人的爆发力一样。

（2）火山地震

由于火山活动时岩浆喷发冲击或热力作用而引起的地震，称为火山地震。这类地震可能发生在火山喷发的前夕，也可能与火山喷发同时发生。

（3）诱发地震

在特定的地区，因某种地壳外界因素诱发而引起的地震，称为诱发地震。这些外界因素可以是陨石坠落等，其中最常见的是水库地震。

（4）人工地震

人工地震就是由人为活动引起的地震。如工业爆破、地下核爆炸造成的振动，还有打桩都可形成人工地震。

◯**百科档案**

世界上最容易发生地震的地方

帕克菲尔德是一座位于美国加州的小镇，但在一家咖啡馆旁的水塔上却赫然呈现大幅"广告"：世界上最容易发生地震的地方。

过去的 150 年里，里氏震级约为 6 级的地震曾平均每隔 22 年就在这里出现一次。因为该地恰巧座落在岩质地壳约 1290 千米长的裂缝带上，即"圣安德烈斯断层"的上面，而该断层正是加州屡次发生地震的震源。由于这里是研究地震活动的理想场所，因而地震学家都来此进行研究，安置各种仪器，现场观测地面运动、水位、磁场及岩石形变等，以便获取地震的前兆现象。

帕克菲尔德镇上的居民对经常发生的地震活动已习以为常，见怪不怪，包括地震演习在内的日常活动一律照常进行。

◯**探究活动**

地震的威力

准备材料：牙签、棉花糖、果冻粉（吉利粉或冰粉）、餐盘、红色食用色素。

（1）用牙签和棉花糖建造一些"建筑"。

（2）用果冻粉做出一盘果冻来，作为我们的地壳表面。调制时滴一点红色食用色素，就更像火红岩浆了。

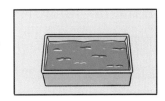

（3）将不同结构的"建筑"放在地面上，用力晃动餐盘，模拟地震，看看会发生什么。

第二节
地震是怎样发生的

· 基本知识 ·

　　我们生活的地球就如同一个有生命力的胚胎，在自然力的推动下，孕育着万物。地球的构造就像鸡蛋一样，也有着外壳和内核的区别。地球的表面被称为地壳，相当于鸡蛋皮。在地壳下面，是地球的地幔和地核，它们像是鸡蛋的蛋白和蛋黄，分别组成地球内部的两个主要部分。

　　如果我们使劲挤压一个生鸡蛋，鸡蛋壳就会被挤碎。那如果地壳受到挤压会怎么样呢？生活在地球上的我们最直接的感觉就是大地在振动，并且大地会像鸡蛋壳一样产生破裂。这些变化都发生在地壳的岩石层上。

地震的产生

地球的表面并不是一个结结实实的整体，它就像一幅拼图，由很多个板块组成。地壳内部不停发生变化，产生力的作用，使这些板块之间出现破裂、错动等现象，把长期积累起来的能量急剧释放出来，以地震波的形式向四面八方传播出去，从而产生地震。地球上绝大多数地震都是这样产生的。

地震是地球上最主要的自然灾害之一，震动可能引发滑坡、泥石流甚至火山活动。如果地震在海底发生，甚至会引发海啸。地震产生最直接的破坏是建筑物倒塌，地面裂缝、塌陷，引起人员伤亡和财产损失。

地震名词

震源：岩层破裂引起振动的地方。

震中：震源在地球表面上的垂直投影。

等震线：同一次地震中破坏程度相似的各点的连线。

震中距：受灾点到震中的地球表面距离。

地震波

地震波是地震发生时从震源向四面八方传播的弹性波。地震波按介质质点的震动方向与波的传播方向分为纵波和横波。

纵波　　直线　速度快　先到达

横波　　曲线　速度慢　后到达

由于纵波波速快（6～8km/s），横波波速慢（3～5km/s），因此纵波会比横波先到达。这样，发生较大的地震时，一般人们先感到上下颠簸，过数秒到十几秒后才感到有很强的水平晃动。这一点非常重要，因为纵波给了我们一个警示，告诉我们能够造成建筑物破坏的横波马上到了，快点做出防备。

"两把尺子"

　　"2008年中国5·12汶川地震,震级8.0级,最大烈度XI(11)度。"这句话中的"震级"和"烈度"是衡量地震强度的"两把尺子"。

　　目前,我国使用的震级标准,是国际上通用的里氏分级表,共分9个等级。实际测量中,震级则是根据地震仪对地震波所作的记录计算出来的。震级每相差1级,能量相差大约32倍呢!

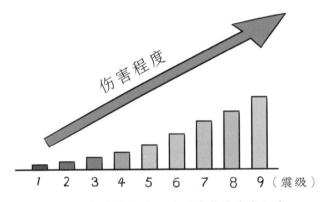

不同震级的地震给同一地区造成的伤害程度

　　烈度是指地震在地面造成的实际影响,表示地面运动的强度,也就是破坏程度。一次地震只有一个震级,但它所造成的破坏,在不同的地区是不同的。也就是说,一次地震,可以划分出好几个烈度不同的地区。就像一颗炸弹爆后,近处与远处破坏程度不同是一样的道理。炸弹的炸药量,好比是震级;炸弹对不同地点的破坏程度,好比是烈度。

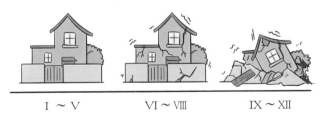

同一地震给不同地区造成的破坏力

◇**百科档案**

地震中的世界之最

世界历史上震级最高的地震是 1960 年 5 月 22 日智利 9.5 级地震。

世界历史上遇难人数最多的地震是 1556 年 2 月 2 日中国陕西华县 8¼ 级地震。据历史记载，当时登记在册的死亡人数就达到了 83 万。

世界历史上因地震引发海啸造成死亡人数最多的地震是 2004 年 12 月 26 日印尼苏门答腊西 9.1 级地震。这次地震引发的海啸造成了约 28 万人死亡。

世界历史上因次生火灾造成死亡人数最多的地震是 1923 年 9 月 1 日日本关东 7.9 级地震。这次地震的次生火灾造成的死亡人数占遇难总人数的 90%。

世界历史上震源深度最深的地震是 1934 年 6 月 29 日印度尼西亚苏拉威西岛东 6.9 级地震，震源深度达 720 千米。

◇**探究活动**

制造地震波

准备材料： 两个长弹簧。

叫上你的父母或者朋友来帮忙，每人手里拿一个弹簧，分别同时制造出横波和纵波，观察一下，哪种波跑得更快一些。

◀横波

纵波▶

第三节
地震前的异常现象

·基本知识·

回想一下你打喷嚏时的感觉吧！在喷嚏"爆发"之前，我们的鼻腔、口腔都会感到有一股力量正在涌来，如同喷嚏的"预兆"。

岩石的断裂和错位是6大板块相互挤压、拉扯导致的，在挤压、拉扯的过程中，岩石就变形了，同时内部产生了一股相互作用的力，叫作应力。应力的爆发如同我们打喷嚏一样，也会有能量积累的过程，在这个过程中大地产生了一系列变化，就是"预兆"。

这些"预兆"有的十分细微，需要借助专业知识和专业仪器来测量才能发现，如地电和地磁的变化、断层两侧的岩层发生微小的位移等，被称为"微观前兆"；有的能被人的感官直接察觉，如井水的色味变化、动物的异常等，被称为"宏观前兆"。

躁动的动物

动物多半生活在野外，对大自然的感知比人类更敏感，地震前大地发生的变化常常能引起它们的警惕，比较常见的有：

①老鼠过街。

②鸡、鸭、鸽子等家禽不回窝。兔子蹦来蹦去。

没空儿吃你，先活命要紧！

③冬眠的蛇和青蛙出洞。

动物的听觉、嗅觉往往比人类厉害得多，这种特性不仅体现在地震之前的"躁动"上，还体现在任何超出它们"日常"范围的变化都会引起它们行动、甚至习性的变化上，所以地震前的确会有很多动物表现异常，但是不是每一次异常都表示有地震要发生。

被"忽悠"的植物

在地应力积累的过程中，会产生很多能量，这些能量有些会让地下的温度升高。植物作为与大地接触最为亲密的物种，对这种温度变化相当敏感，不仅会提前开花，甚至会提前结果。

上面的注意了，春天来了！开花！

你管这叫春天？ -_-||

气候变化也会让植物产生很多类似"春天来了"的错觉，所以单看植物的反常并不能推测地震就要发生。

无所不知的水

水作为地球的顶级重要资源，不仅能润泽万物，还能调节气候、发电、便利交通。水在地球的大部分地区都有自己的"领地"，地下是其中的一个重要"领地"。

当地应力偷偷摸摸地蓄力准备"搞事情"的时候，各种能量的变化也在悄悄发生，地下水受一部分能量变化影响，不仅会改变温度和成分，还会变色、冒泡，甚至产生异味。

"现象"不单看

以上现象在已发生的地震中都有出现，但是不是每一次地震都伴随着这些现象。所以，当你观测到以上现象的时候先不要着急"跑路"，而是要综合各种可靠的信息进行判断。

◯**百科档案**

"眨眼睛"的日光灯

1966 年，在今乌兹别克斯坦塔什干地区发生了 7.5 级的大地震。在地震前的几个小时，关闭着的日光灯突然忽明忽暗地闪烁光亮，像在眨眼睛。

难道日光灯也对地震有预知能力吗？

当地震发生时，一种名叫"氡"的家伙会从岩石层跑出来，遇到空气后，它就会"放屁"，释放许多其他气体。这些气体都是暴脾气，在空气里横冲直撞，如此"不礼貌"的行为让大地的电场十分恼火，等静电场"蓄力"完毕，就开始发火了——在空气里放出大量静电，日光灯就开始闪烁起来了。

◯**探究活动**

请判断一下，下列哪些是地震的前兆？

老鼠过街

鸡飞

狗吠

灯泡破裂

植物提前开花

蛇出洞

第四节
地震可以预报吗

· 基本知识 ·

随着科技的进步，人类已经掌握了宇宙中的很多规律，人造卫星、探月火箭、火星探测器都帮助我们更了解宇宙是什么样子。可以说，人类在宇宙的探索上已经走得很远了；然而，对于自己脚下的地球，我们却还处于懵懂的阶段。

我们知道地震是由于地壳板块运动造成的，但人类目前还无法完全掌握各板块间的运动规律。更不了解在何处、什么时候会发生什么程度的碰撞。同样，也不可能知道哪个板块内的哪个位置会发生断裂，所以就很难进行地震预测。就像路上行驶的汽车，每天都有车祸发生，但我们很难预测在什么时间、什么地点会发生车祸。

另一方面，地震孕育在地表以下十几千米到几十千米的深度，目前人类最大的探测深度只达到距地表 10 千米多，所以只能根据地面的观测资料对地球内部的状况进行推测，即使地球上每年发生的地震有上百万次，也无法从相关数据分析中去准确预报地震。

地震预报按时间尺度可作如下划分：

长期预报　是指对未来 10 年内可能发生破坏性地震的地域的预报。

中期预报　是指对未来 1、2 年内可能发生破坏性地震的地域和强度的预报。

短期预报　是指对 3 个月内将要发生地震的时间、地点、震级的预报。

临震预报　是指对 10 日内将要发生地震的时间、地点、震级的预报。

但是，地震预报是世界公认的科学难题，在国内外都处于探索阶段。目前，有关方法所观测到的各种可能与地震有关的现象，都呈现出极大的复杂性；所作出的预报，特别是短临预报，主要是经验性的。

【知识小卡片】

地震预报是针对破坏性地震而言的，是在破坏性地震发生前作出预报，使人们可以防备。地震预报要指出地震发生的时间、地点、震级，也就是地震预报的三要素。有价值的地震预报这三个要素缺一不可。

地球的"心思"很难猜

虽然我们无法像天气预报一样对地震进行较为准确的预测，但聪明的人类仍然想到了一些方法来预测地震。

（1）探测岩石

人们可以通过钻井将地震仪和其他检测仪器放入井洞内，让地震探测仪最大限度靠近地壳断裂带的核心，对岩层的运动进行探测，进而预测地震。不过地震仪并不能预测地震。地震仪的主要功能是记录地震波，并及时地将地面的振动数据记录下来，是用来测量地震强度、方向的仪器。

（2）计算概率

地震预测还可以从统计概率中推算地震。对过去已发生的地震，运用统计的方法，从中发现地震发生的规律，特别是时间序列的规律，根据过去来推测未来。这个方法是把地震问题归结为数学问题，因需要对大量地震资料作统计，准确率也不是很高。

（3）观察异象

聪明的人类通过几千年的经验总结，发现可以从地震前兆的各种异象来预测地震，比如从地下水或者某些动植物的异常变化中，找到有用的地震前兆。而前兆研究中的最大困难是，观测中常遇到各种天然的和人为的干扰，而所谓的前兆与地震的对应往往是经验性的，还没有找到一种普遍适用的可靠前兆。

◇**百科档案**

了不起的地震预警系统

虽然地震很难预报，但是由于地震发生后会有一个波及范围，科学家们设计了一套地震预警系统。通过地震预警，我们可以为地震波及范围内的人们争取到一线逃生的机会。

●四川芦山 6.1 级地震

2022 年 6 月 1 日芦山 6.1 级地震时，成都市多个公共场合的广告屏幕上突然跳出了地震波抵达 29 秒的倒计时预警，超过千万民众通过手机、电视、大喇叭收到地震预警信息，大量民众"教科书式"避险，实现了良好的减灾效果。

●日本 9.0 级大地震

2011 年 3 月 11 日，日本东北部近海发生 9.0 级大地震，新干线地震预警系统和气象厅紧急地震速报系统都在破坏性地震波尚未到达陆地前发出了警报信息，部分行驶中的高铁紧急制动，减轻了灾害损失。

●墨西哥 7.1 级地震

2018 年 2 月 16 日墨西哥瓦哈卡州发生 7.1 级地震，墨西哥地震预警系统在震后 8 秒发布警报，距离震中最近的瓦哈卡的预警时间为 28 秒，墨西哥城的预警时间为 73 秒，为紧急避险赢得了宝贵时间。

◯**探究活动**

自制"地震报警器"

准备材料：

双面胶、蜂鸣器、发光二极管（蜂鸣器和发光二极管可用玩具枪上的报警器或电子门铃的部件代替）、塑料管、泡沫、电池盒、塑料盒、细铜丝、导线、小底座、玻璃球、带极片的铜丝。

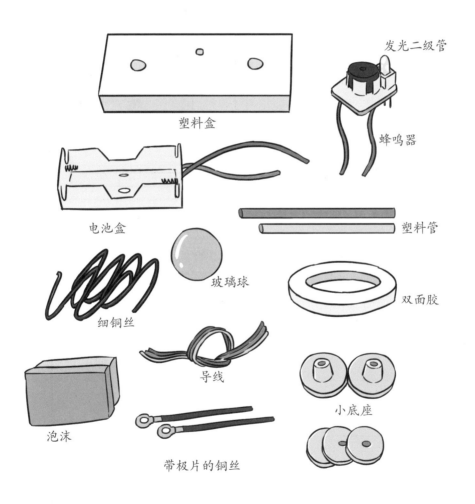

塑料盒

发光二级管

蜂鸣器

电池盒

塑料管

玻璃球

双面胶

细铜丝

导线

小底座

泡沫

带极片的铜丝

操作步骤：

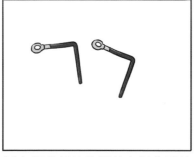

（1）把带极片的铜丝中间位置按图示弯成90°角。

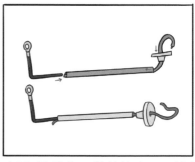

（2）导线穿入塑料管内，一端留出适当长度，再把带铜丝的极片插入塑料管。

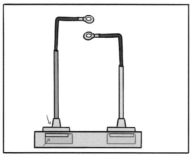

（3）把第二步做好的二极管导线，穿过两片贴有双面胶的泡沫之间，与塑料盒黏接，固定在盒子的两头。

（4）把蜂鸣器和二级管导线穿过双面胶和塑料盒中间的圆孔并粘贴在塑料盒上。

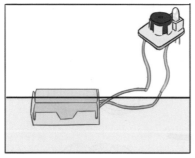

（5）把塑料盒上面的装置视为开关，标出用电器（发光二极管、蜂鸣器）的正负极。

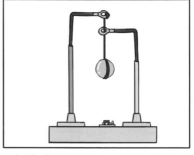

（6）把细铜丝系上玻璃球穿过下端极片上的孔，调整到适当的高度后，缠在上端的极片上。

第五节
地震的直接灾害有多恐怖

·基本知识·

　　地震直接灾害是指地震直接造成的灾害。强烈的震动会导致大量房屋倒塌造成严重的人员伤亡和经济损失，这就是地震直接灾害，也叫地震原生灾害。主要包括：建筑物与构筑物的破坏、地面破坏、山体等自然物的破坏、地光烧伤等。

　　当地震发生时，地壳会发生剧烈的震动，这会对建筑物和其他结构造成巨大的压力。特别是在贫困地区或缺乏地震安全措施的地方，房屋可能没有足够的抗震能力，难以承受强烈的震动。因此，地震发生后，许多建筑物往往会倒塌，导致人们的生命和财产受到威胁。

地面破坏

强烈的地震容易造成地裂缝、地面塌陷、砂土液化等地表震害现象。

地裂缝：地表受到挤压、伸长、旋转等力的作用，形成了这类有规律的地裂缝。对处于古河道、河湖堤岸、坡道和田地等土质松软、潮湿的地段，在地震时会出现地陷并形成所谓的重力地裂缝。

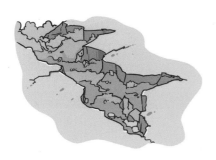

地面塌陷：当地震发生时，地下的土石可能会发生崩塌，导致地面塌陷。这种灾害通常在地下矿井、隧道、山区和土质地区等地方发生。

砂土液化：地震发生时，我们常发现在灾害区出现"喷砂""冒水""地陷""裂隙"等现象，这就是砂土液化现象。砂土液化表面上只是出现喷砂冒水，但实际上它有可能导致堤岸滑塌、地面开裂下沉，进而破坏地面的公路、铁路、地面建筑和重大工程建设设施。

山体等自然物的破坏

地震的震动力量会引发地表的位移和变形，尤其是在地壳脆弱的山区，地震会使得山体的稳定性遭到破坏。大量的土石会从山坡上滑下，带来致命的危险。

强震之后发生大量的滑坡和崩塌，为形成大规模的泥石流提供了物质来源。泥石流在流动的过程中对河床进行下切，两岸进行冲刷和刮挖，这样使边坡又失去平衡，产生新的滑坡。这样循环反复互为因果，因而地震滑坡和泥石流灾害延续时间长，从地震开始，一直延续到次年乃至数年。

建筑物震荡

地震最直接的破坏对象是房屋。房屋修建在地面，量大面广，房屋受损或者倒塌不仅造成巨大的建筑财产损失，而且还会因砸压造成人员伤亡和财产损失。人工建造的基础设施，如交通、电力、通信、供水、排水、燃气、输油、供暖等生命线系统，大坝、灌渠的水利工程都是地震破坏的对象。这些设施被破坏的后果，既包括本身的经济价值丧失，也包括功能丧失带来的损失。

地光烧伤

地光也叫地震光，是在地震发生时，受震动波及的区域上空所出现的光。地光对人体的危害包括烧、灼、电击等不同情况。在一些大地震中，有地光烧伤人畜的现象。

◯**百科档案**

神秘的地震光

2022 年 3 月 16 日，日本发生地震。这场地震发生时，夜空中闪现出了强烈的光，场面颇为诡异，而这团光线就是神秘的地光。

地光，又叫地震光，经常出现在受地震波及的地区上空，每一次发生的时间从几秒到几十秒不等。地震光出现的方式和极光非常相似，从形状上看，地震光拥有片状、带状、柱状及闪光等各种形态。颜色有红色、紫色、黄色、绿色、青白色等。在地面上冒出来的球状光多呈红色，神似一个大火球，而产生于低空的地震光经常呈片状、带状等形状，颜色则为青白色或类似电焊一样的白中发蓝的颜色。

关于"地震光"的形成原因还没有完全研究清楚，科学界存在着多种解释。一些科学家认为，在地震发生的同时，巨大的能量释放可能会导致局部地表温度急剧升高，进而使元素在某种条件下燃烧并产生火光。还有一些科学家认为，地壳中的一些放射性物质将会被"抖"到低空大气中来。这些放射性物质会增强大气的离子化，从而提升大气的导电率。此时，只要地面上产生一个天然的电场，那么这个电场就会向空中放电，让地空中的大气开始闪烁光芒，地光也就由此产生。

虽然地光现象在科学领域中还存在很多谜团，但是研究的进展将有助于我们更好地理解这种现象，预测和应对地震。

◯**探究活动**

砂土液化的危害

准备材料：

一个玻璃鱼缸，一些砂土，一些水，一两个房屋模型、平底的物品。

操作步骤：

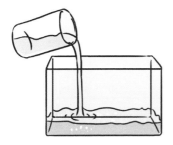

（1）在鱼缸里放入一些水，高度几厘米即可。

（2）倒入砂土，将水完全覆盖，并且上层没有湿砂土。

（3）上面的砂土用平底物品压实。

（4）放上模型房屋。

（5）上下摇晃鱼缸，原本泥土下的水会慢慢往上漫，房屋逐渐陷进砂土中。

第六节
地震次生灾害是极为严重的

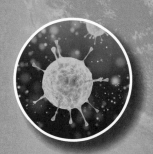

· 基本知识 ·

　　说起地震，我们脑海里浮现的都是房屋倒塌、大地摇晃造成的直接灾害。实际上，地震的灾害远远不止这些，大地震还会带来一连串的次生灾害。

　　地震的次生灾害是指直接灾害发生后，破坏了自然或社会原有的平衡或稳定状态，从而引发的灾害。主要有火灾、水灾、毒气泄漏、瘟疫、海啸等，其中火灾是次生灾害中最常见、最严重的。

火灾

强烈的震动会造成电气设施损坏、危险品发生化学反应、易燃易爆物质的爆炸和燃烧、烟囱损坏等，继而引发火灾。它是一种最容易发生的地震次生灾害，造成的损失往往也比较大。

【知识小卡片】

地震引起火灾时，首先要用湿毛巾捂住口鼻，以防止浓烟的熏呛，一时找不到湿毛巾的，可用浸湿的衣物等代替。如果火势较大，环境温度很高，可用水淋湿衣物或用淋湿的棉被裹住身体隔热，并逆风匍匐逃离火场。一旦身上起火，可用在地上打滚的方法灭火。应尽快逃离火灾现场，脱下燃烧的衣帽，切忌用双手扑打火苗，否则极易使双手烧伤。

有毒气体泄漏

地震有可能导致房屋内煤气罐、天然气管道等发生破裂，进而导致泄漏、中毒事故。由于燃气的特殊性质，遇到外界明火就会发生爆炸，不仅给周围的人员及建筑物带来极大危害，同时也给周围的环境带来一定污染。

【知识小卡片】

当遇到毒气泄漏时，比如遇到化工厂着火，不要向顺风方向跑，要尽量绕到上风方向去，并尽量用湿毛巾捂住口、鼻。

地震滑坡

地震滑坡与自然滑坡相比规模大，形成时间短。一般滑坡发育过程要经历较长的时间，有明显的阶段性。而地震滑坡因地震的突发作用，使处于极限平衡或接近极限平衡的山坡在刹那间就完成裂缝、下滑的全过程。地震滑坡规模大、形成时间短，更具破坏性。

瘟疫

地震发生后，尸体堆积腐烂，垃圾缺乏管理，容易导致水源、空气污染，再加上临时避难地人口密集，卫生条件差，容易滋生蚊蝇。灾民在精神上受到打击，正常生活规律被打乱，抵抗力下降，所以容易生病。历史上就有"大震后必有大疫"的说法。

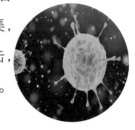

【知识小卡片】

地震时公共场所的群众蜂拥外逃，盲目避震，可能会出现摔、挤、踩等现象，造成伤亡；大地震后人们出现恐震心理易轻信地震谣传或误传，还可能出现"盲目搭建防震棚"的混乱景象。有时，这些次生灾害所造成的伤亡和损失，比直接灾害还大。为了减少地震给自己带来的伤害，我们一定要理性认识地震，科学避震。

◇百科档案

"震"出的熊熊大火

1923 年 9 月 1 日，日本关东地区发生里氏 7.9 级大地震，给日本带来了巨大的灾难。地震的震源位于相模湾地下，第一次震动引发了海啸，沿海地区被瞬间洗刷。几次余震波及整个关东平原，导致了大量房屋倒塌和村庄被毁。当时的日本居民大多居住在木质建筑中，这种建筑脆弱且易燃，因此，火灾在这场地震造成的伤亡中扮演了重要角色。

据统计，火灾导致这次地震中至少 4 万多人的死亡，其中还包括躲在停水的服装仓库中的 3.8 万人。与此同时，由于地震和台风双重影响，火势蔓延迅速，使得整个东京成为一片废墟。

◇**探究活动**

火灾自救指南

地震之后遭遇火灾如何开展自救，显得尤为重要。赶紧记住下面的火灾逃生要诀，然后自己做一个火灾逃生卡吧！

室内避震

防灾·避险·自救：自然灾害生存指南

第七节
我们该怎么避震

·基本知识·

地震发生时，不管你在室内还是室外，保持冷静并采取相关行动，是保护自己的最好方法。强烈地震发生时，人们受异常心理的驱使，会茫然若失，条件反射地采取本能行动，即恐慌和乱跑。这种本能行动必须加以自控，最好的方法就是：根据所处的位置，能跑则跑，跑不了就躲，保持镇静，就地避震！

32

从地震发生到房屋倒塌，一般有 12 秒左右的"黄金逃生时间"，我们要利用这宝贵的 12 秒做出正确躲藏的抉择，尽快躲到最近的安全地点。

【知识小卡片】

避震时身体应采取的姿势：伏而待定，蹲下或坐下，尽量蜷曲身体，降低身体重心；保护头颈、眼睛，掩住口鼻；抓住桌腿等牢固的物体；避开人流，不要乱挤乱拥，不要随便开灯，因为空气中可能有因燃气管线破裂而泄漏的易燃易爆气体。

公共场所避震

在商场、影院、地下街等人员较多的地方，最可怕的不是地震，而是因地震而发生的人员混乱、商品掉落，可能使避难通道阻塞，发生人员踩踏，造成伤亡。

学校避震

如果学校教室为砖平房，或者教室位于教学楼的一层，地震时学生可迅速从门窗逃出室外。位于二层及以上、来不及逃出的学生，千万不要跳楼，可就近躲在桌椅下面或靠墙根趴下避难。在高楼里的学生，地震时千万不要跳楼，也不要往楼梯和出口拥挤，位于高楼的一层，应迅速逃到室外空旷场地。同时，其他高楼层的学生应就近躲在桌子下面或旁边、内墙边或内墙角、框架柱或剪力墙下，即使大楼倒塌也会有生存的空间。

电梯避震

在发生地震、火灾时，不能使用电梯。万一在搭乘电梯时遇到地震，可将各楼层的按钮全部按下，电梯一旦停下，迅速离开电梯，采取正确避震或逃生措施。

户外避震

户外紧急避震有六招：

①就地选择开阔地蹲下或趴下，不要乱跑，不要返回室内，避开危险场所，如狭窄街道等；

②避开高耸危险物或悬挂物，避开高大建筑物；

③避开有玻璃幕墙的高大建筑，不要停留在过街天桥、立交桥的上面和下面；

④危险场所也需紧急避开，如变压器、高压线下；

⑤迅速远离生产危险品的工厂；

⑥远离危险品、易燃易爆品仓库等，以防发生意外事故时受到伤害。

野外避震

地震发生时,如果你正在野外活动,不要以为自己正身处于空旷的安全地带,应尽量避开山脚、陡崖,以防滚石和滑坡。如遇山崩,要向远离滚石前进方向的两侧跑;避开河边、湖边、海边,以防河岸坍塌而落水;不要在水坝、堤坝上逗留,以防垮坝或发生洪水;迅速离开桥面或桥下,以防桥梁坍塌时受伤。

◯百科档案

吃上热乎饭菜的绝招

地震时的卫生条件变差,最好不要吃生食、喝生水。但煤气停了,如果想吃一些热乎的食物该怎么办呢?

（1）可以在家中常备卡式炉之类的加热器具。

（2）露营时用的便携式煤气炉也可以帮上忙。

（3）必要时,热水壶可以烫煮菜。

◇**实验探究**

为了避免地震时手忙脚乱，我们可以提前准备一个家庭急救包，按照下面的物品赶紧动手准备一个吧！

家庭常备急救包		
（1）瓶装水。		（3）防水双肩包：装重要证件。
	（2）应急食品：罐头和即食食品，需要备足一周用量。	（4）头灯：人手一个，停电时使用。
（5）急救箱：应对地震后缺医少药的情况。	（6）报纸、塑料袋、笔记本。	（7）纸巾：方便处理伤口和清洁。
（8）现金。		（10）手套：保护自己在搬动东西时不受伤。
	（9）哨子。	（11）便携收音机：可在停电时通过无线广播等获取信息。
（12）胶带。	（14）油性记号笔：方便给家人留信息。	
（13）绳子：方便逃生和搭建帐篷。		（15）雨衣、防水鞋套：潮湿的环境可以派上用场。

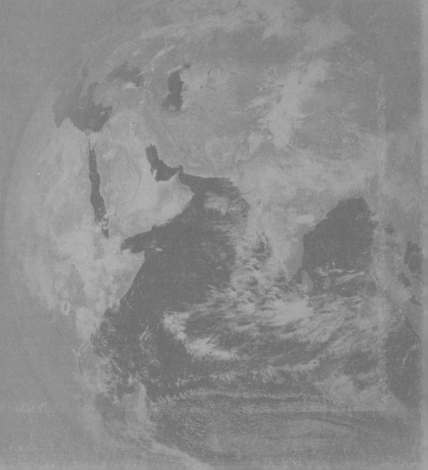

第二章

台风

第一节
台风的能量来自哪里

· 基本知识 ·

　　台风是全世界公认的最严重的自然灾害之一，具有毁天灭地的破坏力。一次超强台风的灾害影响可以媲美一次大地震或火山喷发。

　　台风是产生于热带海洋面上的一种强烈的热带气旋，在热带海洋面上经常会出现许多弱小的热带涡旋，这些小气旋看起来"人畜无害"，但能量巨大的台风就是由这种弱小的热带涡旋发展起来的。我们称之为台风的"胚胎"。

台风的形成过程

（1）当海洋表面温度达到 26℃或更高时，会提供足够的热量和水汽，为台风的形成提供必要条件。

（2）由于大气发生的一些扰动，局部湿热空气膨胀上升，使海洋面气压降低，这时上升海域的外围空气源源不断地补充流入上升区。中间就形成了一个热带低压中心。

（3）由于地球的自转，便产生了一个使空气流向改变的力，称为"地球自转偏向力"。在地球自转偏向力的影响下，流入的空气旋转起来。

（4）当上升空气膨胀变冷，其中的水汽冷却凝成水滴时，要放出热量，这又助长了低层空气不断上升，使地面气压下降得更低，空气旋转得更加猛烈，当近地面最大风速到达或超过每秒17.2米时，就形成了台风。

南半球台风，顺时针旋转　　　　北半球台风，逆时针旋转

台风是怎么评级的?

在中国,台风被分为热带风暴、强热带风暴、台风、强台风和超强台风五个级别。其中台风的中心风力一般为 11 ~ 13 级,强台风为 13 ~ 15 级,而超强台风为 15 ~ 17 级。

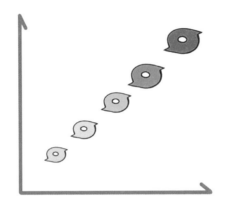

台风是部大"热机"

任何一部机器的运转,都要消耗能量,这就要有能量来源。台风也是一部大"热机",它以巨大的规模和速度在那里转动,要消耗大量的能量,因此要有能量来源。台风的能量是来自热带海洋上的水汽。在一个事先已经存在的热带涡旋里,涡旋内的气压比四周低,周围的空气挟带大量的水汽流向涡旋中心,并在涡旋区内产生向上运动;湿空气上升,水汽凝结,释放出巨大的凝结潜热,才能促使台风这部大机器运转。

◯**百科档案**

超强台风的威力

当强台风来袭，风力可以达到 14 到 15 级，甚至超过 16 级。那么一个超强台风能够掀起多大的风浪呢？

超强台风的风速可以达到每小时 150 千米以上，带有极强的破坏性，能够掀起超过 14 米的巨浪。一旦台风登陆，暴雨和洪水便会接踵而至，冲毁房屋，引发地质灾害。当台风成熟后，每小时会有约 200 亿吨的雨水倾盆而下。当水蒸气凝结成雨水时，会释放出巨大的热量。

当风力升级到 12 级，每立方米的风压可达 230 千克。万吨级的巨轮将如同白纸般在风中摇荡，桥梁、车辆、建筑物瞬间变得脆弱。如果此时你从太空看向地球，会看到一个巨大的旋涡覆盖在地球表面，场面令人震撼。

◯**探究活动**

制造台风

准备材料：

干冰、热水、盘子、塑料袋、吹风机。

操作步骤：

（1）盘子套上塑料袋，把两块干冰放在盘子边缘相对的两端。

（2）往盘子中央倒入一些热水。

（3）干冰产生的白雾向盘子中央移动，遇到中间的热水产生热空气，开始迅速上升，并产生对流旋转。

（4）此时打开吹风机，吹风口背对着盘子，制造一个中心低压区，使周围的冷空气不断向中心聚拢，风速越来越大，形成台风。

第二节
为什么说台风眼是台风的关键部位

· 基本知识 ·

在卫星云图上看台风，会看到气旋中心有一个洞，看起来就像是密闭云区中心的一只"眼睛"，所以我们把这个区域称为"台风眼"。

台风眼是位于台风中心少云、微风的区域，通常在台风中心平均直径约为 40 千米的圆面积内。台风眼为中心气压最低之处，其形状大部分呈圆形、椭圆形、卵形、开口眼和多边形等五种。

台风眼外围的空气在剧烈旋转中形成了强大的离心力，外围的空气反而不容易进入台风眼区域之中，那里好像一根孤立的大管子一样。所以台风眼区的空气，几乎是不旋转的，因而也就没有风。所以台风眼的外围常常是暴雨如注、狂风肆虐，可台风眼的区域却风平浪静，天气晴朗。

台风结构

台风分为台风眼、云墙、涡旋风雨区三部分，从中心向外呈同心圆状排列。

台风眼外侧为涡旋风雨区，这里盛行强烈的辐合上升气流，形成浓厚的云层，出现狂风暴雨，风力常常在 12 级以上，是台风中天气最恶劣的区域。

逃生的机会窗口

当台风眼通过某地时，人们常被误认为台风已过去。而实际上，台风眼并不能够长久地保持平静，通常只有一两个小时左右。平静过后，原本台风眼所在的区域也会变得"狰狞"，狂风暴雨又会再度出现。重装上阵的台风，气势更猛、更烈、更狂暴绝伦。

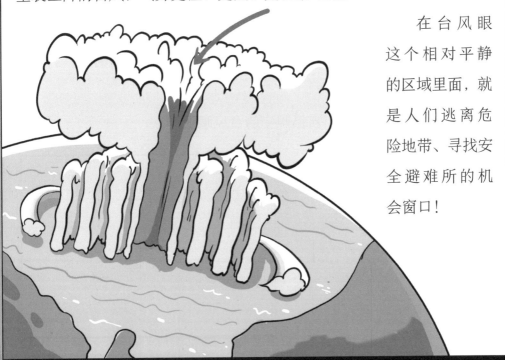

在台风眼这个相对平静的区域里面，就是人们逃离危险地带、寻找安全避难所的机会窗口！

◎百科档案

"眼睛"越大越厉害吗

通常从台风眼的大小可以判断台风强度。但是，对同一个台风而言，"眼睛"越大，强度反而相对弱。最强的台风应该是个"小圆眼"，台风在加强的过程中，随着自身旋转速度的增加，眼区会逐渐收缩。

利用卫星云图为台风定强时，台风眼墙区的云顶温度越低，台风眼内的温度越高，确定的台风强度越强。在确定强度的时候，台风眼里越暖，周围越冷，强度越大；除了要考虑两者温度差之外，还要考虑"眼睛"的形态，如果眼区看来大而不规则，强度要减分。

◎探究活动

画出台风眼

这张手绘图，记录了 1879 年 7 月 31 日一场台风的台风眼。作者是上海徐家汇观象台的第一任台长能恩斯。徐家汇观象台是中国近代以来第一座气象观测预报台，这张手绘图，也是中国第一张有科学意义的台风记录图像。

请你拿起画笔，画出自己眼中的台风眼吧！

第三节
如何监测和预报台风

· 基本知识 ·

　　监测台风主要靠的是气象卫星。利用卫星云图，我们能清晰地看见台风的大小，确定台风中心的位置，估计台风强度，监测台风移动方向、速度，以及狂风暴雨出现的地区等。

　　一旦台风在海洋中生成，风云气象卫星就会立即锁定它的位置。当台风接近沿海地区时，由多普勒天气雷达和自动气象观测站组成的综合观测网络也会介入，帮助我们实时定位台风的位置，明确台风的起源地。此外，为了确定台风的未来路径和预计到达时间，我们需要预报员和计算机配合起来"作战"。

预报员会利用电脑检索历史上相似的台风，这是预测台风路径的重要依据之一。另外，数值模型会通过高性能计算机模拟天气变化，直接计算出台风的未来路径。这种科技与人力相结合的方式，能让我们对台风的预测更加精准。

台风前的预兆

（1）高云出现

　　高云是离地面（中纬度地区）5～13千米的云。当在某个方向出现白色羽毛状或马尾状的高云，并渐渐增厚成为较密的卷层云时，说明台风正在靠近。

（2）能见度良好

台风来临前两三天，能见度会突然转好，远处高山、树木皆能清晰可见。

（3）海、陆风不明显

平时日间风自海上吹向陆地，夜间自陆地吹向海上，称为海风与陆风，但在台风来临的前几天，此现象会变得不明显。

（4）骤雨忽停忽落

当高云出现后，云层渐密渐低，常有骤雨忽落忽停，这也是台风接近的预兆。

（5）特殊晚霞

台风来袭前一两天，当日落时，常在西方地平线下发出数条放射状红蓝相间的美丽光芒，这种现象称为反暮光。

（6）气压降低

如果发生了以上现象，并伴随气压逐渐降低，那么将进入台风边缘了。

◯**百科档案**

台风预警信号是怎样分级的?

特别严重。6h内可能平均风力达12级↑，应停课停工，不要外出。

严重。12h内可能平均风力达10级↑，学校应停课，别随意外出。

较严重。24h 内可能平均风力达 8 级↑，停课、停止户外大型集会。

一般。24h 内可能平均风力达 6 级↑，老人、孩子记得待在安全区域。

◯**探究活动**

读懂台风预报图

这张图是 2015 年中央气象台发布的台风"莲花"路径概率预报图。你能读懂上面的信息吗？

第四节
防范台风该准备什么

· 基本知识 ·

台风来临前

台风登陆前 1 ～ 6 小时是防范台风的重要时间段，我们应尽可能利用好。

关紧门窗：

台风来临之际，狂风大作，暴雨如注，容易发生大型广告牌掉落、树木被刮倒、电线杆倒地等事情，因此，在台风来临时最好不要出门，以防出现被砸、被压、触电等不测。

检查房屋：

及时检查清理窗台、阳台上面的杂物，绑牢有可能被风吹落的物体，如护栏、遮雨棚、晒衣杆、室外天线等；准备好蜡烛、手电筒等，以备停电时使用；检查煤气及电路，留心火源。

准备食物：

准备适量的水及食物，选购一些水果、蔬菜、肉等储存在冰箱中，以备长时间的暴风雨无法出门。

台风来临时

在家中躲避台风时，应迅速撤退到地下室或地窖中，或到最接近地面的房间内，并面向墙壁抱头蹲下，这样做的前提是已做好防洪措施；远离门窗和房屋外围墙壁等可能坍塌的物体；尽可能用厚外衣或毛毯等将自己裹起，用以防御可能四散飞来的碎片。

在户外突遇台风时，速往小屋或洞穴躲避，若无此种场所时即选择没有土崩或洪水袭击危险的安全之处，如高地、岩石下或森林中均是较安全的避难场所。必须继续前进时，也要弯下身体且不可贸然淋雨，受潮的衣服会夺走体温，造成体力下降。遇强风时，尽量趴在地面，往林木丛生处逃生，不可躲在枯树下。

若遭遇风灾时身处拥挤、混乱的人群中，多做深呼吸，用两只胳膊和肩膀，以及背部顶住压力；将胳膊放在胸前，有小孩也要这样保护；不管朝哪个方向，要不断地移动。

◇百科档案

防台风的日常准备

政府及有关部门会发放公众防台风知识读本、宣传册、宣传单、明白卡，张贴防台风宣传图片，举办宣传活动和防灾减灾知识讲座，应留意这方面的活动，积极主动参与。

中小学课本上一般有防台风相关的防灾减灾知识，要认真学习，通过课堂学习丰富自己的防台风知识。

政府部门的防汛水利、水文、气象、海洋等门户网站上一般都有防台风方面的知识和信息，可上网浏览这些网站，学习防台风知识。

广播、电视、报刊等媒体有时会播出或刊登防台风方面的宣传内容，大家可及时收听收看。

◇探究活动

家庭应急救援包

为了更好地防范台风，家里要准备好充足的应急物品与应急救援包。快照着清单准备起来吧！

蜡烛、手电筒、收音机、应急灯、雨具、木板、盛水舀水器具等应急物品，绳索、锤子、剪刀、哨子以及碘酒、胶布、止血带等应急医药用品。

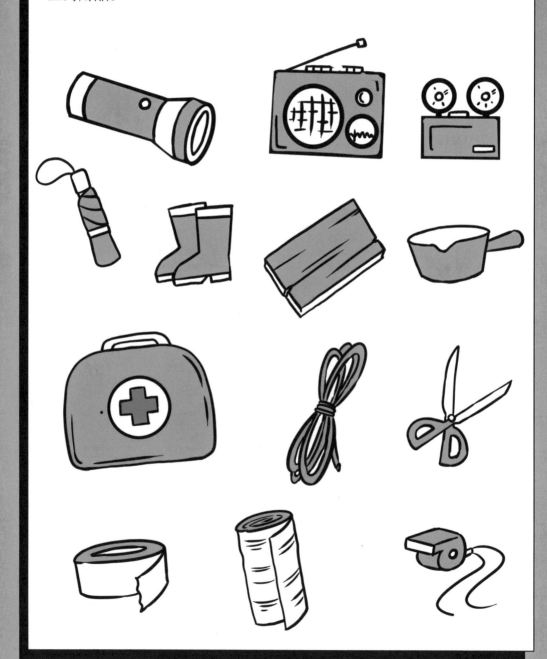

第三章

洪水

第一节
地球上的水循环

· 基本知识 ·

众所周知，地球是一个蓝色的星球，水是地球上最主要的组成部分，也是最重要的物质。海洋的面积约占地球总表面积的 71%，水不仅参与、促进地理环境的形成与发展，也推动了生物及人类文明的产生与变革。

地球上的水可分为三大类型：一种叫大气水，包括雨、雪及大气中的水蒸气等；一种叫地表水，如江河湖海中的水；还有一种是地下水，比如土壤、岩石中的水。大气水、地表水、地下水相互联系，形成一个连续的水圈。这个水圈中的各种水，通过蒸发、冷凝、降水等连续不断地循环运动，科学上称之为水的循环。水的循环运动每时每刻都在全球范围内进行着，它可以发生在海洋与海洋上空之间，陆地与陆地上空之间，也可以发生在海洋和陆地之间。

水循环的三个步骤

（1）水分子吸收太阳辐射后，从海洋、湖泊、江河及潮湿的土壤表面等蒸发到大气中去；生长在地表的植物，通过茎叶的蒸发将水扩散到大气中。

（2）水分子进入大气后，变为水汽随气流运动，在运动过程中，遇冷凝结形成降水，以雨或雪的形式降落到地面。

（3）当降水到达地面后，一部分渗入地下，补给地下水；另一部分流向低洼的湖泊或补给河流，最后千流归海，水又回到海洋、河流、湖泊等蒸发点。

水循环的重要性

自然界的水循环，从长期的观察来看，大体上是平衡不变的：全球海洋表面和陆地表面的总蒸发量等于海洋表面和陆地表面的总降水量。水循环是自然界最重要的物质循环之一。由于水的循环，使水得到净化。当水通过蒸发、蒸腾进入大气时，大部分杂质留了下来，雨水到了地面，经过砂石的过滤和沉淀，成为洁净的水源。由于水的循环，使全球的水量和热量得到均衡调节；也正是由于水的循环，才使得自然界气象万千、生机盎然。假如水的循环停止，将再也看不到电闪雷鸣，再也没有阴、晴、雨、雪，当然，大自然的一切也将不复存在。

水是母亲也是猛兽

水与人类自古就紧密联系在一起。幼发拉底河与底格里斯河促进了古巴比伦王国的兴盛，尼罗河孕育了古埃及文明，恒河诞生了古印度的繁荣，而黄河和长江则哺育了中华民族。与人类文明诞生有如此重要意义的水，怎么就变成"猛兽"了呢？

首先，持续的暴雨、风暴增水、冰雪融水和河流冰凌堵塞等是导致洪涝的"幕后推手"。当水量过盛，超过了常态的时候就会造成灾害，暴雨、雪水、海洋风暴潮水无疑为洪水的泛滥提供了"武器和能量"。同时，陡峭的山地加剧了水流速度和冲刷作用，疏松的土壤会随着洪水一起运动，形成山洪、泥石流，破坏力进一步增强。此外，这些淤泥如沉积在下游河流中，会抬高河床，水更易漫堤，增加洪水发生的可能性；如果是城市发生内涝，那些沉积的淤泥会给灾后处理带来很大的麻烦。

◯**百科档案**

被洪水浸泡着的国家

有这样一个国家，它被人们称为"水泽之乡"和"河塘之国"。它在中国的南面，面积只有14.7万多平方千米，但全国有大小河流230多条，国内有50万至60万个池塘，也就是说，平均每平方千米就有4个池塘。它就是孟加拉国，一个几乎被洪水浸泡着的国家。

孟加拉国水资源如此充足的原因是什么呢？

孟加拉国属于热带季风气候，雨季降水特别多，再加上濒临海洋，地势平坦，没有高大山脉的阻挡和拦截，湿润的水汽很容易就深入到了国土内部，几乎全年都有充沛的降水。孟加拉国位于恒河下游的三角洲平原上，恒河水浩浩荡荡一路向东，是孟加拉国农业用水的有力保证。

◯**探究活动**

袋子里的水循环

这是一个令人惊叹的科学实验：水的循环。它展示了水在自然界中的循环过程，包括蒸发、凝结和降水。通过这个实验，我们可以更好地理解这些过程，以及它们在水循环中所起的作用。

准备材料：拉链袋、胶带、蓝色食用色素、记号笔、水

（1）在拉链袋上用记号笔画出水位、云和太阳。

（2）往袋子里加入少量水，注意不要让袋子外面碰到水。再往袋子里加入几滴蓝色食用色素。加入食用色素是为了方便观察实验中出现的现象。

（3）几小时后袋子上就会出现很多水滴，轻拍袋子，水滴就会落下。袋里的水经过了蒸发、冷凝，像降水一样落下，并在底部再次得到收集。

第二节
治水传说与古代气候变化

· 基本知识 ·

大禹治水

你听说过大禹治水的故事吗？古时候水利设施落后，一旦连续天降暴雨，河流就会因为承载不了太多的水而决堤，这对"靠天吃饭"的老百姓来说简直就是灭顶之灾！大约在 4000 多年前，中国的黄河流域洪水泛滥，在鲧治水失败以后，

舜就任命禹担起治水大任。技术落后，情况急迫，大禹承载着所有人的希望，经过实地考察之后，提出了"高处凿通，低处疏导"的治水思想。他呕心沥血 13 年，三过家门而不入，有次甚至都没有时间进门去看看号啕大哭的儿子，最终降服了洪水，成了万民拥戴的治水功臣。

永远的斗争

人类社会经常要受到各种自然灾害的侵袭，洪灾就是众多自然灾害之一，且非常常见。所以人类一直以来都企盼着没有灾难的世界。华夏民族的传统文化中，时常出现古人祭拜天地的一幕，每一次虔诚的祈祷，都寄托着古人对风调雨顺、五谷丰登的美好夙愿。在原始社会，生产力非常低下，人类社会对洪灾的抵御能力几乎为零，所以洪水来了只能一走了之。由于那时候还没有农业生产，也就不存在什么严重灾害后果。

到大禹治水之时，人类已经具备了一定的生产力，并已经开始和洪水展开斗争，进行了修筑防堤、疏导河道等工作，努力减轻洪水的威胁。随着生产力的发展，到春秋战国时期，修筑堤防已成为主要的防洪措施。但由于当时工具和技术有限，这些措施并不能取得很好的效果。聪慧的古人便在此基础上不断进行改进，一些朝代会设立专门的水利机构，尽可能加强对洪水的防范。

总之，在中华民族上下五千年的文明史中，中国人一直在与洪水作着斗争，不仅为各地区的农业经济作出了重要贡献，更为人类留下了珍贵的水利瑰宝。我们既要领悟古人的智慧，更要学会尊重自然，与自然和谐共处。

◯**百科档案**

最早的三次水灾

中华文明的第一次大洪水记载于女娲补天的传说中。《淮南子》说："往古之时，四极废，九州裂，天不兼覆，地不周载，火滥焱而不灭，水浩洋而不息，猛兽食颛民，鸷鸟攫老弱。"古人相信天圆地方，按照《淮南子》的说法，支撑天的柱子有四根，但由于某种原因，四根天柱都折断了，九州大地也开始了动荡，于是发生了大洪水。这次大洪水被女娲娘娘治理了，重新立了天柱，用芦灰治理了洪水。

第二次大洪水出现在《列子》的记载中："昔者女娲氏练五色石以补其阙；断鳌之足以立四极。其后共工氏与颛顼争为帝，怒而触不周之山，折天柱，绝地维；故天倾西北，日月辰星就焉；地不满东南，故百川水潦归焉。"意思是，女娲补天之后的某个时候，共工与颛顼争夺帝位失败，于是怒触不周山，造成天柱再一次折断。这次引起的大洪水并没有去专门治理，最终绝大多数河流都流向了东南方向，进入了大海。

第三次大洪水就是帝尧时代发生的那场大洪水了。《史记》中记载，帝尧曾经咨询大臣们如何治理洪水，他对四岳说："嗟，四岳，汤汤洪水滔天，浩浩怀山襄陵，下民其忧，有能使治者？"按照帝尧的说法，这次大水造成的损失非常大。

◯探究活动

揭秘治水神兽

　　在北京什刹海的万宁桥下趴着一个小神兽——"趴蝮"，据说它是龙的九子之一，可以镇住河水，防止洪水侵袭。

　　在成都的天府广场有一头萌萌的石犀牛，据说他也是一头"镇水神兽"。根据这个线索，你能"挖"出古代都有哪些神兽是用来治水的吗？

第三节
洪水的前兆

· 基本知识 ·

　　洪水是世界上非常严重的自然灾害。洪水的精准预报至今仍是一个难题。洪水的形成机制复杂，除了依赖精准的降水预报外，还需结合地理环境，分析水的蒸发、产流（地上、地下径流等）、汇流等循环过程。但有意思的是，一些看似与水无关的天文、地质等事件，却与洪水的发生有着一定的联系。

日食

　　日食与洪水具有一定的关系，因为当日食发生时，地球上接受的太阳辐射减少，从而使大气环流发生异常变化，以致出现洪水。1981—1987年，科学家利用日食对我国各大江河的洪水进行检验性预报，预报成功率达84.7%。

地震

自然灾害系统之间具有互相触发、因果相循的关系，造成灾害群发。研究表明，如果在内蒙古、新疆、甘肃交界地区发生 7 级以上的大震，那么其后一年内黄河可能会出现较大的洪水。

火山爆发

强烈的火山爆发可形成全球性的尘幔。这些尘幔在高层大气中能停留数年之久。它们能强烈地反射和散射太阳辐射，在火山大爆发后的几个月乃至更长时间之内，辐射可减少 10% ～ 20%，会使地球变冷。历史上赤道地区四次强烈的火山爆发曾引起四川温度偏低，大量凝结核使降水偏多，相当一部分地区出现洪涝灾害。

◯**百科档案**

桃花汛——中国最早的洪水预测

汉字中的"桃"字没有采用桃花或桃子的形状，却用了一个逃跑的"兆"作为字符，一种说法是与"桃花汛"有关。"桃花汛"是指每年春天桃花盛开时，南方江水突然上涨，黄河等北方河流因春融冰解而形成的春汛，简称为"桃汛"。

桃花汛往往来得非常突然，给人带来的危险极大。为此，我们的老祖宗认真总结历史的经验，以桃花盛开作为洪水的预兆。并且为了传递下去，在创造"桃"字时，放弃了美丽的桃花和桃子形状，而是直接采用了"逃"字中的"兆"，用心极其良苦。

◇**探究活动**

制作暴雨预警小卡片

暴雨预警信号分四级，分别以蓝色、黄色、橙色、红色表示。为了让自己能更好地记住它，请查阅资料并动手做一个暴雨预警信号小卡片吧。

比如这个样子：

第四节
遇到洪水，该怎么逃生

· 基本知识 ·

自古以来，我国就是洪水灾害严重的国家，尤其是长江流域一带，很容易发生严重洪水灾害，那么洪水来了该怎么办呢？

（1）在洪水来临时要保持冷静，不要惊慌失措。及时关注当地的天气预警和洪水警报，遵循当地政府和救援机构的指示。

（2）迅速登上牢固的高层建筑避险，而后要与救援部门取得联系。同时，注意收集各种漂浮物，木盆、木桶都不失为逃离险境的好工具。

（3）为防止洪水涌入屋内，首先要堵住大门下面所有空隙。最好在门槛外侧放上沙袋，沙袋可用麻袋、草袋或布袋、塑料袋制作，里面塞满沙子、泥土、碎石。如果预计洪水还会上涨，那么底层窗槛外也要堆上沙袋。

（4）如洪水继续上涨，暂避的地方已难自保，则要充分利用准备好的工具逃生，或者迅速找一些门板、桌椅、木床、大块的泡沫塑料等具有一定浮力的物品捆绑在一起，扎成逃生筏，像足球、篮球、排球的浮力都很好。如果一时找不到绳子，可以用床单撕开来代替。

（5）在趴上去之前一定要试试木筏能否漂浮。收集食品、发信号用具（如哨子、手电筒、旗帜、鲜艳的床单）、划船桨等是必不可少的。在离开房屋漂浮之前，要吃些食物和喝些热饮料，以增强体力。

（6）在离开家门之前，还要把煤气阀、电源总开关等关掉，时间允许的话，将贵重物品用毛毯卷好，收藏在楼上或高处的柜子里。出门时最好把房门关好，以免财物随水漂走。

（7）如已被卷入洪水中，一定要尽可能抓住固定的或能漂浮的东西，寻找机会逃生。

千万不要做的事

①不要盲目进入未知深度的积水中；

②不要光脚蹚水；

③不要盲目游泳转移；

④不要走地下通道、车库等；

⑤不能攀爬带电的电线杆、铁塔，远离倾斜电线杆和电线断头。

◯**百科档案**

洪水中的危险地带

城市中的危险地带：

洪水来临时，要远离城市中的以下地带：危房里及危房周围；危墙及高墙旁；洪水淹没的下水道；马路两边的下水道及窨井；电线杆及高压线塔周围；化工厂及贮藏危险品的仓库。

农村中的危险地带：

在农村，洪水中常见的危险地带有：河床、水库及水渠、涵洞；行洪区、围垦区；危房里及危房周围；电线杆、高压电塔下。

◯**探究活动**

制作一个家庭防洪水应急包

应急包内的物品要能应对24～72小时乃至更长时间的洪水围困。希望大家能够认真备齐，以备不时之需。

①食品和水：至少三天的非易腐食品，如罐头食品、干果、饼干等，以及足够的饮用水；

②通信工具：手机、电池以及充电器，还可以备一台手摇充电器；

③照明设备：手电筒、蜡烛、火柴或打火机等；

④药品：创可贴、防蚊液、止痛药等；

⑤个人卫生用品：纸巾、湿巾等个人卫生用品；

⑥钱财和证件：一定的现金和重要的证件，如身份证；

⑦衣物：干净的衣服和毛毯；

⑧工具：多功能刀、绳子、手套、哨子等。

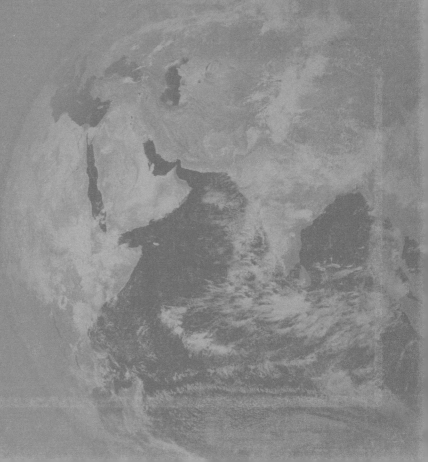

第四章

雪灾

第一节
雪从哪儿来

· 基本知识 ·

水的变化和运动造就了我们今天的世界。大气里以固态形式落到地球表面上的降水，叫做大气固态降水。雪是大气固态降水中最主要的一种形式。

具体来说，当空气中的水蒸气处于饱和状态时，经过一定的冷却，水蒸气便开始凝结成微小的冰晶，这些冰晶在空气中漂浮并不断吸纳更多的水汽，形成更大的冰晶。当冰晶足够大时，它们会聚集并落下，形成雪花。水汽想要结晶并形成降雪必须具备两个条件：一是水汽饱和，二是空气里必须有凝结核。

水汽饱和是指空气在某一温度下所能包含的最大水汽量，也叫做饱和水汽量。空气达到饱和时的温度，叫做露点。饱和的空气冷却到露点以下的温度时，空气里就有多余的水汽变成水滴或冰晶。因为冰面饱和水汽含量比水面要低，所以冰晶生长所要求的水汽饱和程度比水滴要低。

凝结核是一些悬浮在空中的很微小的固体微粒。最理想的凝结核是那些吸收水分能力最强的物质微粒。比如海盐、硫酸、氮和其他一些化学物质的微粒。如果没有凝结核，空气里的水汽过饱和达到相对湿度500%以上的程度，才有可能凝聚成水滴。但这样大的过饱和现象在自然大气里是不会存在的。所以没有凝结核的话，地球上就很难见到雨雪了。

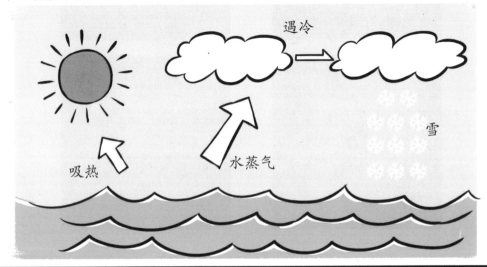

【知识小卡片】

大气固态降水分为十种：雪片、星形雪花、柱状雪晶、针状雪晶、多枝状雪晶、轴状雪晶、不规则雪晶、霰、冰粒和雹。前面的七种都是雪。

◇百科档案

对称的雪花

用显微镜观测雪花，会发现雪花是圆形、箭形，或锯齿形的，并且各部分完全对称；有些是完整的，有些又呈格状，但大都没有超出六角型的范围。

当水汽凝华结晶的时候，如果主晶轴比其他三个辅轴发育慢，并且很短，那么晶体就形成片状；倘若主晶轴发育很快，延伸很长，那么晶体就形成柱状。雪花之所以一般是六角形的，就是因为沿主晶轴方向晶体生长的速度要比沿三个辅轴方向慢得多。

雪花周围大气里的水汽含量不可能四面八方都是一样的，只要稍有差异，水汽含量多的一面总是要增长得快一些，自然而然就形成了千姿百态的雪花。由于冰晶的尖角处位置特别突出，水汽供应接触最充分，所以在六角形状的冰晶棱角上长出一个个新的枝杈，最后就变成了六个花瓣样各种姿态的雪花。

◇**探究活动**

不会融化的雪花

准备材料：

硼砂，木棒，烧杯，扭扭棒，铁丝。

操作步骤：

（1）根据想要做的结晶形状对扭扭棒进行改造。

（2）用铁丝组成雪花状。

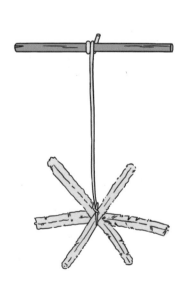

（3）将铁丝的另一端固定在木棒上。

（4）在烧杯中倒入大半杯热水，多次加入硼砂并搅拌至完全溶解。

（5）将扭扭棒雪花浸没在硼砂溶液中静置 24 小时。

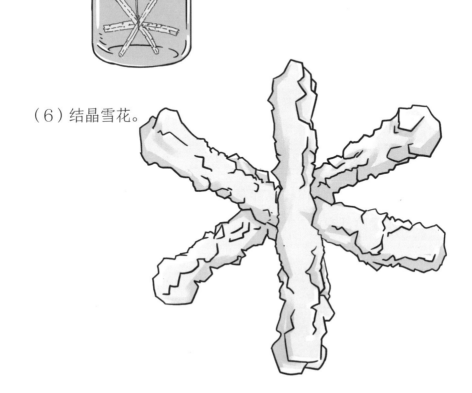

（6）结晶雪花。

第二节
雪灾的类型

· 基本知识 ·

冬天，我国部分地区会出现大雪纷飞、苍茫无际的景象。降雪以后整个大地都披上了一层银装，非常漂亮。雪除了具有其独特的景色外，对环境和人体健康都有一定的好处。

但是长时间的大量降雪，会造成大面积的积雪，进而引发灾害。

积雪的类型

根据积雪的稳定程度，我国将积雪分为 5 种类型。

（1）永久积雪：在雪平衡线以上降雪积累量大于当年消融量，积雪终年不化。

（2）稳定积雪（连续积雪）：空间分布和积雪时间（60 天以上）都比较连续的季节性积雪。

（3）不稳定积雪（不连续积雪）：虽然每年都有降雪，而且气温较低，但在空间上积雪不连续，多呈斑状分布，在时间上积雪日数 10 ~ 60 天，且时断时续。

（4）瞬间积雪：主要发生在华南、西南地区，这些地区平均气温较高，但在季风特别强盛的年份，因寒潮或强冷空气侵袭，发生大范围降雪，但很快消融，使地表出现短时积雪。

（5）无积雪：除个别海拔高的山岭外，多年无降雪。

雪灾主要发生在稳定积雪地区和不稳定积雪山区，偶尔出现在瞬时积雪地区。

雪灾的特点

（1）猝发型：发生在暴风雪天气过程中或以后，在几天内保持较厚的积雪，对牲畜构成威胁。

（2）持续型：持续型雪灾达到危害牲畜的积雪，厚度随降雪天气逐渐加厚，密度逐渐增加，稳定积雪时间长。

可怕的雪崩

雪崩，也叫"雪塌方""雪流沙"或"推山雪"，是山坡积雪内部的凝聚力小于所受重力时产生下滑，引起大量雪体崩塌的自然现象。

雪崩一般从雪山的山坡上部发生：先是完整的雪体出现一条裂缝，接着断裂的雪体开始滑动，受重力影响，越滑越快，呼啸着向山下冲去。

雪崩具有突发、速度快、破坏强等特点，可以摧毁大片森林，掩埋房舍、交通线路、通信设施和车辆，甚至能堵截河流，导致临时性的涨水，同时，它还能引起山体滑坡、山崩和泥石流等可怕的自然灾害。

◎**百科档案**

什么是风吹雪？

风吹雪又称风雪流，是气流挟带着分散雪粒进行的多相流，简单来说，就是雪粒随风运动的一种天气现象。依据雪粒的吹扬高度、吹雪强度和对能见度的影响，风吹雪可分为低吹雪、高吹雪和暴风雪三类。公路风吹雪雪害是对冬季公路的正常运营产生巨大影响，并对人们的生命财产和社会生活造成灾难性后果的事件，属于交通灾害的一种。

◎**探究活动**

自制暴风雪

准备材料：

一个透明玻璃瓶、婴儿油、白色颜料、亮粉、水和苏打水。

操作步骤：

（1）先在瓶中倒入3/4的婴儿油。

（2）然后在一个碗中，用温水与白色颜料混合。

（3）用混合好的白色液体把装有婴儿油的瓶子灌满，再往里面撒些亮粉。

（4）往瓶子里倒入一点苏打水，暴风雪就出现啦。

第三节
雪灾的威力

· 基本知识 ·

一场雪灾会造成怎样的危害呢？

对经济造成损失

发生雪灾时，许多生产基本处于停滞状态，由于交通中断，产品、原材料运输受阻，煤电无法运输，从而导致电厂停产，电力中断。雪灾会给石油、化工、造纸等连续生产行业带来巨大的损失。

破坏人们的生活

气温骤降非常考验人体的耐受程度，而且雪灾严重影响甚至破坏交通、通信、输电线路等生命线工程，还会压垮建筑物，对人们的生命安全和生活造成威胁。

对农业、畜牧业造成影响

积雪掩盖草场，使牲畜吃不上鲜草，干草又供应不上。牲畜因冻饿或染病而大量死亡，对畜牧业危害很大。极寒天气对农作物的影响也是很大的，会造成蔬菜、瓜果、粮食少收甚至绝收，给农民带来巨大损失。

危害环境

暴雪融化之后，导致地下水水位升高，像江西、湖南等地容易引发血吸虫等灾害。道路消雪撒融雪剂，盐溶解之后进入土壤，导致地下水质量变差和土质变硬。

◎百科档案

南方雪灾

2008 年 1 月 10 日，我国南方爆发了雪灾。严重的受灾地区有湖南、贵州、湖北、江西、广西北部、广东北部、浙江西部、安徽南部、河南南部。截至 2008 年 2 月 12 日，低温雨雪冰冻灾害已造成 21 个省（区、市）不同程度受灾，因灾死亡 107 人，失踪 8 人，紧急转移安置 151.2 万人，累计救助铁路公路滞留人员 192.7 万人；农作物受灾面积 1.77 亿亩，绝收 2530 亩；森林受损面积近 2.6 亿亩；倒塌房屋 35.4 万间；造成了 1111 亿元人民币的直接经济损失。

◎探究活动

积雪的分量有多重？

积雪深度就是通常我们看到的雪的厚度，是积雪表面到地面的垂直距离，以毫米为单位。新雪的密度约为每立方厘米 0.05 ~ 0.1 克，如果积雪达到 20 厘米，每平方米积雪的质量约为 10 ~ 20 千克。你能算出 100 平方米的积雪质量能够达到多少吗？

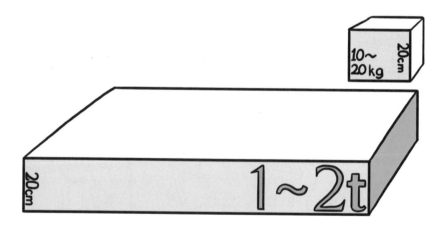

答案：1 到 2 吨。

第四节
雪灾的防治

· 基本知识 ·

灾害防治

（1）防治风吹雪

解决风吹雪的危害首先应从公路布线着手。建设公路首先要选择最有利于风吹雪通过的地形开阔、地势较高、起伏较小、气流顺畅、输雪量小或山坡的迎风坡脚等处。在地形条件允许下，还可以建防雪林、防雪栅栏、阻雪堤等协助防治。

防雪林：结构合理且具有足够宽度的防雪林，对风吹雪能起到充分的过滤作用。风吹雪携带的雪粒可沉积在防雪林内，得到净化的风吹雪，到达公路时不能产生沉积，也不会阻拦视线。

防雪栅栏：一般设置在道路的上风侧，在其前后可堆积风积雪，降低其上风侧靠近栅栏处的近地表风速，形成风涡流，使跳跃雪粒静止并形成堆积，减少上路输雪量。

阻雪堤：就地用土堆积形成的不透风土堤，其功能和栅栏类似，起储雪、阻雪作用。

（2）山区道路雪崩防治

建设水平台阶和稳雪栅栏等工程措施，把积雪稳定在山坡或沟槽的集雪区里，不使雪层移动而形成雪崩危害。

（3）牧区雪灾防治

主要依靠增加科技投入、转变牧业生产方式来进行防治。

自我保护

（1）根据暴雪预警合理安排出行、做好防护措施。

蓝色预警：12 小时内降雪量将达 4 毫米以上，或者已达 4 毫米以上且降雪持续，可能对交通或者农牧业有影响。

黄色预警：12 小时内降雪量将达 6 毫米以上，或者已达 6 毫米以上且降雪持续，可能对交通或者农牧业有影响。

橙色预警：6 小时内降雪量将达 10 毫米以上，或者已达 10 毫米以上且降雪持续，可能或者已经对交通或者农牧业有较大影响。

红色预警：6 小时内降雪量将达 15 毫米以上，或已达 15 毫米以上且降雪持续，可能或者已经对交通或者农牧业有较大影响。

（2）做好防寒保暖准备，储备足够的食物和水。

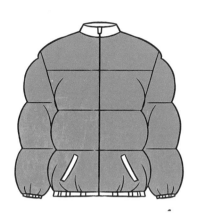

（3）从危房或不结实的建筑物内转移至安全地带。

（4）如需外出，要注意鼻子、耳朵的保暖，戴好手套、围巾等保暖物品，穿足够厚实的衣服和舒适的防滑鞋，行走时手不要插兜，远离机动车道。

（5）若不慎滑倒，应尽量用手和双肘撑地，避免碰伤脑部等重要部位。

◯百科档案

遇雪崩时的自我救护

雪崩的时候，唯一的生存机会就是自我救护或者是依靠同伴的搜救。

在积雪破裂让你跌倒之前，一定要以 45° 角向下侧方逃离雪崩板块。

如果发生跌倒、翻滚，一定要抓住树干或者其他牢固的物体，采用游泳姿势，尽力保持浮在流雪的上面。

当流雪开始减速的时候，首先要清理自己眼前的呼吸通道，努力让自己的手伸出雪面，保持镇定。

如果被雪埋住，一时无法破雪而出，应尽量举起一只手臂，举过头顶。因为被埋后很难分清楚方向，这能让你确定哪个方向是上面，还能让搜救者更容易发现你。

尽量给自己创造最大的呼吸空间，让口中的口水流出，在头部周围挖出呼吸空间。雪崩停止后，雪像水泥一般厚重，很难自己逃出来。你只能尽量延长呼吸时间，避免窒息，等待援救。

◯ **探究活动**

自制灾害应急包

灾害应急包是一个针对家庭意外灾害，如火灾、割伤等人为灾害和地震等自然灾害，提供用于维持生命的食物、饮水、药品及简单的生活和求救必须品的应急包。应急包应具备应急食品、应急卫生用品、自救工具、求救工具、其他物品等几类应急物资。

应急包	1. 大型防水夜光背包
防灾求救类	2. 3000 赫兹防灾应急高频哨 3. 10 米反光逃生绳
防灾照明类	4. 3 ~ 4 小时特制蜡烛 5. 打火机或防风防水双头火柴 6. 便捷型多功能应急手电
防灾防护类	7. 防尘口罩 8. 防滑手套 9. 防灾应急雨衣 10. 地震专用压缩毛巾手套
防灾生活类	11. 保温应急毯 12. 保温帐篷 13. 超薄保温睡袋 14. 中号多功能折叠铲 15. 15L 折叠水桶 16. 多功能工具斧头 17. 多功能钳
防灾急救类	18. 急救包空包 19. 19×72mm 创可贴 20. 10×45mm 创可贴 21. 纱布绷带 22. 绷带 23. 棉球 24. 金属镊子 25. 剪刀 26. 无纺布胶带 27. 酒精消毒片 28. 棉签

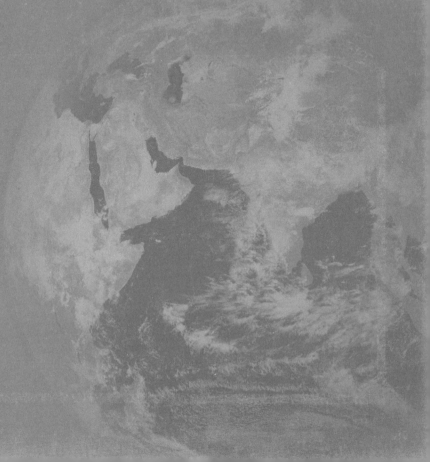

第五章

雷电

第一节
雷电的诞生

·基本知识·

　　夏天的时候，雷电一般产生于对流发展旺盛的积雨云中，因此常伴有强烈的阵风和暴雨，有时还伴有冰雹和龙卷风。

　　雷电其实是一种发生在大气层中的声、光、电的气象现象，主要反映在雷雨云内部及雷雨云之间，或者在雷雨云与大地之间产生的放电现象。

　　积雨云顶部一般较高，云的上部常有冰晶。冰晶的凇附（冰晶下落时与云中的过冷水滴碰撞并冻结），水滴的破碎以及空气对流等活动过程，都会让云中产生电荷。云中电荷的分布较复杂，总体来说上

部以正电荷为主，下部以负电荷为主。因此，云的上、下部之间形成了一个电位差。当电位差达到一定程度后，就会产生放电现象，这就是我们常见的闪电。

放电过程中，由于温度骤增，使空气体积急剧膨胀，从而产生冲击波，导致强烈的雷鸣。带有电荷的雷云与地面的突起物接近时，它们之间就发生激烈的放电现象。

【知识小卡片】

闪电的平均电流是 3 万安培，最大电流可达 30 万安培。闪电的电压很高，约为 1 亿至 10 亿伏特。一个中等强度雷暴的功率可达一千万瓦，相当于一座小型核电站的输出功率。

◯**百科档案**

雷电也善良

雷电虽然会带来灾害，但是也会做好事。

杀菌：一次雷电产生的巨大声波，可以杀死空气中的细菌和微生物，使空气变得洁净起来，有利于我们的健康。

吸收紫外线：雷电还能产生臭氧，我们都知道臭氧是地球生物的保护伞，它可以吸收大量的紫外线，使生物少受紫外线伤害。

振松土壤：雷电的轰鸣所产生的巨大声波，有振松土壤的作用，能促进土壤中有机肥的分解，便于植物的吸收利用。

此外，雷电还能造成大气化学物质反应，形成有机肥。

◯**探究活动**

学会掌控雷电之力

准备材料：

一个塑料管、一个气球、卫生纸、一次性手套。

需在有水龙头的地方做这个实验。

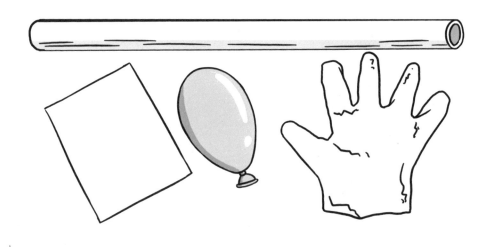

操作步骤：

（1）戴上一次性手套，用卫生纸快速摩擦塑料管。

（2）稍微打开水龙头，水流不要太大，然后用刚刚摩擦的塑料管靠近水流。

（3）用摩擦过的气球再次靠近水流。

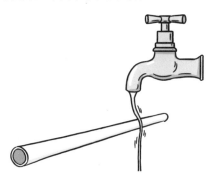

（4）将气球放在水平处，把塑料管靠近它，可以看到气球会紧紧跟着塑料管。

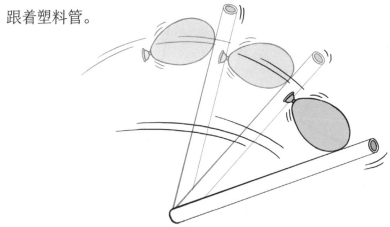

第二节
雷电的分类

· 基本知识 ·

　　雷电放电，有时是在云层与云层之间发生的，叫云中雷；有时是在云层与大地之间发生的，叫落地雷。

　　落地雷又可以分为 3 种。

（1）直击雷

　　直击雷是云层与地面凸出物之间的放电形成的，可以瞬间击伤、击毙人和牲畜。巨大的雷电流流入地下，令雷击点及与其连接的金属部分产生极高的对地电压，可能直接导致接触电压或跨步电压的触电事故。

（2）球形雷

球形雷是一种球形、发红光或极亮白光的火球，运动速度大约为 2m/s。在雷电频繁的雨天，偶尔会出现紫色、殷红色、灰红色、蓝色的"火球"，一般直径为十到几十厘米，也有直径超过一米的，存在的时间从几秒到几分钟，一般为几秒到十几秒居多。球形雷能从门、窗、烟囱等通道侵入室内，极其危险。

（3）感应雷

感应雷分为静电感应和电磁感应两种。

①静电感应是由于雷云接近地面，在地面凸出物顶部感应出大量异性电荷所致。

②电磁感应是由于雷击后，巨大雷电流在周围空间产生迅速变化的强大磁场所致。这种磁场能在附近的金属导体上感应出很高的电压，造成对人体的二次放电，从而损坏电气设备。

雷电按照形状还可以分为线状、带状和球状。

线状闪电：形如枝杈丛生的一根树枝，蜿蜒曲折，与带状闪电相似。

带状闪电：带状闪电是由连续数次的放电组成，在各次闪电之间，闪电路径因受风的影响而发生移动，使得各次单独闪电互相靠近，形成一条光带。

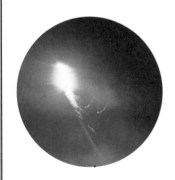

球状闪电：直径从 15 ~ 40 厘米不等，但也有人称曾见过直径 1 ~ 2 厘米和 5 ~ 10 米大小的球状闪电。其能以固定的频率改变直径，可逐渐衰弱变小，爆炸可使其体积增大并使其终结。能靠分解或重组改变大小。

◎百科档案

红色精灵

红色精灵是一种伴随着雷雨所产生的高空大气放电现象，通常发生在雷雨云云层顶离地面30～90千米的高空。红色精灵上半部是红色，底部则渐渐转变为蓝色，宽度5～10千米，可持续10～100毫秒，如同闪电般转瞬即逝。由于这些发光体的大部分呈红色，且在空中出现的时间不到1/30秒，有如鬼魅一般难以捉摸，所以科学家称它们为"红色精灵"。

◎探究活动

汉字"电"的变迁

你看，最开始的"电"像不像一道闪电？对了，电的本义就是闪电，《说文解字》说："电，阴阳激耀也"，大意就说阴阳相激，而产生的耀眼光芒，称之为电。说来有趣，全世界的人都不约而同用类似甲骨文中电的这个形象，来表示电。

后来人们发现，有闪电必有雷雨，于是又在电上加了个雨字头，以表明电和雨相伴的特征，从金文开始，电就带雨字头了，直到简化汉字时，才把雨字头去掉。

第三节
雷电的暴脾气

·基本知识·

雷电灾害的特性

雷电灾害是一种过程，也是一种现象。它有以下几个方面的基本特性。

（1）普遍性和恒久性

全球每年约有12亿个闪电，即每秒平均30多个。因此，某种程度上说，雷电灾害时时刻刻、无处不在。

（2）多样性和差异性

雷电在时间和空间分布上存在差异，强度也不同，这就导致雷电危害的方式不同，造成的灾害也就充满差异性。

（3）全球性和区域性

雷电灾害在全球每一个角落都有可能发生；雷电灾害的发生和影响范围都是有限的。

（4）随机性和可预测性

雷电灾害发生的时间、地点、强度等是不能确定的，这就是雷电灾害的随机性。不过，雷电灾害本身的发生、发展过程是具有规律性的，是可以预测的。

（5）突发性

雷电灾害的发生通常在人们尚未意识到的时候就突然降临，使人们猝不及防，往往带来惨重的后果。

雷电造成的伤害

雷电发生时，强大的电流通过物体，会释放巨大热量，雷电流通道的温度可达 6000 ~ 10000℃，有时甚至更高，它足可以使金属熔化；其次是产生猛烈的冲击波，受冲击波影响，雷电流通道及周围的环境类似于炸弹爆炸，破坏性很大。

【知识小卡片】

雷电会对以下地点或物体造成灾害或隐患。

（1）森林

每年都会发生大量森林火灾，严重威胁生态环境和经济发展，其中很多都是由雷电引发的。雷击火灾是林业的最重要灾害之一。

（2）交通工具

雷电可以直击交通工具，产生直接破坏，其中对飞机的飞行安全威胁最大。雷击事故轻则使部分设备被击坏，系统丧失部分功能；重则使全系统瘫痪，经济损失惨重；更有甚者，因系统频繁遭受雷电侵扰，系统不能正常运行，全部系统功能丧失，给飞行安全带来极大隐患。

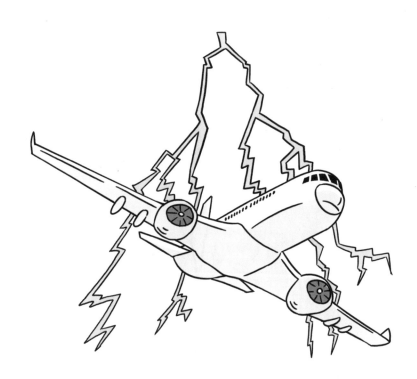

（3）军事装备

雷电对信息时代的军事行动和电子装备，如雷达、电台、导弹、战斗机等都有严重破坏和干扰，对现代战争有重要影响。

（4）航天安全

雷电除对航天飞行器、发射塔等造成直接破坏外，还可引爆火箭的点火装置，使火箭自行升空，或使发射过程中的火箭爆炸，因此火箭上的主要电子仪器必须有极强的抗雷电辐射和抗静电干扰的能力。

◇百科档案

哪里容易遭雷击？

据中国气象科学研究院专家统计，雷击地点在农田的比例最高。这是因为农村地区地势平坦、开阔，植被丰富，河道交错，环境湿度大，土壤和水的电阻率比较小，易形成大气电场的趋势。

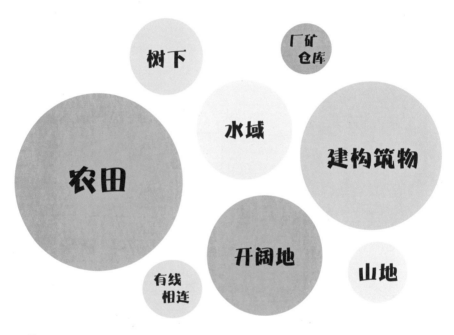

◇探究活动

探秘人工引雷

人工引雷，指的是在雷暴环境下利用一定的装置和设施，人为在某一指定点触发闪电，并把闪电引到预知位置进行科学试验。主要目的是研究雷电的原理，减少雷电对人们生活的危害。美国科学家本杰明·富兰克林做的"风筝实验"是人工引雷的鼻祖（虽然实验中的雷电不是人工触发的）。

* 此实验极其危险，严禁模仿

引雷的最好时机是自然雷电即将发生但尚未发生之时。引雷作业需要根据强对流天气实况、地面大气电场、自然雷电发生频率等信息，判断雷暴云的起电状况，确定发射引雷火箭的时机，一般要求雷暴云的对流比较旺盛、起电相对剧烈。

人工引雷能提供最接近真实的自然雷电模拟源，触发闪电的过程和自然闪电的过程是相似的。不过，自然界中闪电发生的时间和地点都很随机，而人工触发闪电可以预知发生的时间和地点。

第四节
雷电对人体的伤害

· 基本知识 ·

　　雷电对人体的伤害，有电流的直接作用和超压或动力作用，以及高温作用。当人遭受雷电击的一瞬间，电流迅速通过人体，重者可导致心跳、呼吸停止，因脑组织缺氧而死亡。另外，雷击时产生的火花，也会造成不同程度的皮肤烧灼伤。雷电击伤亦可使人体出现树枝状雷击纹，表皮剥脱，皮内出血，也能造成鼓膜或内脏破裂等。

（1）直接雷击

在雷电现象发生时，闪电有可能直接袭击人体，因为人是一个很好的导体，高达几万到十几万安培的雷电电流，由人的头顶部一直通过人体到两脚，流入到大地。人会因遭到雷击而受伤，严重的甚至死亡。

（2）接触电压

当雷电电流通过高大的物体，如高的建筑物、树木、金属构筑物等泄放下来时，强大的雷电电流会在高大导体上产生高达几万到几十万伏的电压。人不小心触摸到这些物体时，受到这种触摸电压的袭击，发生触电事故。

（3）旁侧闪击

当雷电击中一个物体时，强大的雷电电流通过物体泄放到大地。一般情况下，电流是最容易通过电阻小的通道穿流的。人体的电阻很小，如果人就在被雷击中的物体附近，雷电电流就会在人头顶高度附近将空气击穿，再经过人体泄放下来，使人遭受袭击。

（4）跨步电压

当雷电从云中泄放到大地时，就会产生一个电位场。越靠近地面雷击点的地方电位越高，越远离雷击点的地方电位越低。如果在雷击时，人的两脚站的地点电位不同，这种电位差在人的两脚间就产生电压，也就会有电流通过人的下肢。两腿之间的距离越大，跨步电压也就越大。

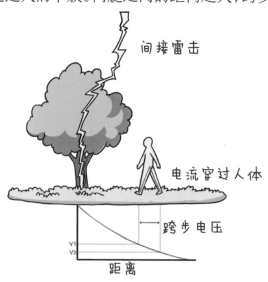

◯百科档案

重庆开县雷击事件

2007 年 5 月 23 日下午 3 时许,重庆开县境内开始狂风大作,道道闪电撕破厚厚的乌云,暴雨铺天盖地袭来。

4 时 30 分左右,雷暴袭击了位于义和镇山坡上的兴业村小学。当时该小学四年级和六年级各有一个班正在上课,一声惊天巨响之后,教室里腾起一团黑烟,烟雾中两个班共 95 名学生和上课老师几乎全部倒在了地上,有的学生全身被烧得黑糊糊的,有的头发竖起,衣服、鞋子和课本碎屑撒了一地。

闻讯赶来的其他老师震惊万分:7 个孩子已死亡,轻重伤 39 人。受到雷击的 48 个小学生不同程度存在雷击恐慌症。

◯探究活动

下列哪种不是雷电对人体造成的伤害方式?

第五节
雷电来了怎么办

· 基本知识 ·

在雷雨季节，我们随时都要有防雷和自我保护的意识。要善于根据所处的地形环境、气象条件以及经验来观察、判断我们是否处于危险之中。

在家的人

（1）关好门窗，防止雷电直击室内和球形雷飘进来。

（2）关闭电器、拔掉电源。

（3）尽量不要拨打、接听电话。

（4）保持屋内干燥。

（5）远离金属物品。

（6）不要使用太阳能热水器。

户外劳作的人

（1）选择正确的躲避场所（室内、安全的山洞等）。

（2）雷雨季外出劳动穿胶鞋、雨衣。

（3）远离带有金属成分的工具。

（4）远离潮湿的地方。

（5）远离树木、信号塔、电线杆等孤立物体。

驾车出行的人

（1）不要将车停在空旷的高地或树下。

（2）关闭电子设备（收音机等）。

（3）不要拨打、接听电话。

（4）尽量待在车内，关好门窗。

（5）避免触碰车上的金属组件。

户外游玩的人

（1）迅速摘下钥匙、首饰等金属物品。

（2）划船、游泳的人尽快远离水面。

（3）在山区游玩尽快撤离高地。

（4）多人出游，尽量分开站立，以免雷击相互传导。

雷电来临前的身体预兆

雷电袭击人之前，有些特别的预兆：

（1）头发、眉毛竖立。

（2）皮肤颤动或轻微刺痛，有蚂蚁爬行的感觉。

如果有上面两种感受，要立刻并拢双脚，双手抱膝，蹲在地上，头置于两膝之间，尽量减少人体与地面的接触面积。千万不要趴下或躺倒。

救援小常识

如果遭遇雷击的人衣服着火了，可以往其身上泼水，或者用厚外衣、毯子将身体裹住以扑灭火焰。

注意观察遭受雷击者有无意识丧失和呼吸、心跳骤停的现象，先进行心肺复苏抢救，再处理电灼伤创面。

电灼伤创面的处理，用冷水冷却伤处，然后盖上敷料。若无敷料，可用干净的床单、被单、衣服等将伤者包裹后转送医院。

◇**百科档案**

30-30原则

关于雷电防护，还有一个"30-30原则"，对于防御雷电灾害非常有效。

第一个"30"是指30秒，从看到闪电到听到雷声的时间如果少于30秒，说明雷电在10千米以内，此时即便头顶没有打雷下雨，也处于雷电危险区域，建议尽快寻找避雷场所。

第二个"30"是指30分钟，建议最后一次听到雷声30分钟之后，所处区域上空乌云消散后，再出门。

◇**探究活动**

揭秘"避雷针"

准备材料：

塑料唱片一张、木柄铁锤一把、橡皮泥、针。

操作步骤：

（1）先用绒布摩擦唱片，使唱片带大量电荷。当带电的唱片（代表带电云）从置放在地面上的铁锤（代表建筑物）上方经过时，唱片会被铁锤吸引并发出放电火花。

（2）用橡皮泥在铁锤上竖起一根针，放电现象就不会发生了。

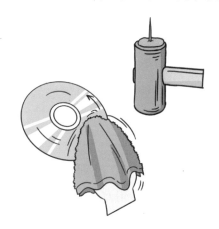

原理：当带负电荷的唱片置放在铁锤的上方时，由于静电感应的缘故，铁锤上聚集起相当数量的正电荷。带着异种电荷的唱片和铁锤靠近时，就会产生剧烈的放电现象，迸发出火花来。当铁锤上竖起尖针时，锤上聚集的正电荷可以通过针的尖端放电，跑到空中去与唱片上带的负电荷中和，减弱了电场强度，从而避免了剧烈的放电现象发生。